Einen Kamin bauen

Henry H. Saylor

Writat

Diese Ausgabe erschien im Jahr 2023

ISBN: 9789359257518

Herausgegeben von
Writat
E-Mail: info@writat.com

Inhalt

EINFÜHRUNG

In einem Buch dieser Art besteht kein besonderer Grund, ausführlich auf die Zweckmäßigkeit eines Kamins einzugehen. Das wird als selbstverständlich angesehen. Es genügt zu sagen, dass ein Haus heutzutage diesen Namen kaum noch verdient, wenn es nicht über mindestens eine Feuerstelle verfügt. Ein Holzfeuer hat eine unerklärliche Qualität, die auf diejenigen, die sich eifrig darum kümmern, eine fast hypnotische Wirkung ausübt. Der glimmende Schein der Holzscheite erzeugt eine ruhige und introspektive Stimmung, die alle Belanglosigkeiten und Ablenkungen der Tagesarbeit vertreibt und einem die Möglichkeit gibt, seine Energiereserven für den kommenden Tag wieder aufzufüllen.

Das offene Feuer wird im Gegensatz zu den meisten Annehmlichkeiten, die wir in einem modernen Zuhause erwarten, fast schon seit dem Haus selbst mit dem Rennen in Verbindung gebracht. Anfangs war es natürlich eine Notwendigkeit, und die Entwicklung von diesem Luxus hin zu einem Luxus verlief über die Jahre hinweg bis in die Gegenwart äußerst langsam.

Es gibt zwei Formen des offenen Feuers – eine mögliche dritte, das Gasscheit, bei dem es sich um ein Thema handelt, bei dem es umso besser geht, je weniger gesagt wird. Wir haben daher die Wahl zwischen dem offenen Kamin für Holz und dem Korbrost, in dem Kohle, vorzugsweise Kanalkohle, verbrannt wird. Letzterer Brennstoff ist in diesem Land bei weitem nicht so bekannt wie in England, wo die Holzknappheit zwangsläufig dazu führt, dass Kohle der am häufigsten verwendete Brennstoff ist. Bei unserem eigenen Holzreichtum wird man aber vielleicht nicht zögern, den offenen Kamin anstelle des Korbrostes für Kohle zu wählen, wenn auch in bestimmten Fällen, zum Beispiel in einer Wohnung, in der der Kamin zu klein gebaut wurde, oder in einem Haus Wo ein vorhandener Schornstein nur eine kleine Abzugsfläche für die Nutzung als Feuerstelle bietet, ist der Korbrost eine willkommene Lösung des Problems. Natürlich gibt es keine Entschuldigung dafür, ein modernes Haus mit einem Schornstein zu bauen, der zu klein für die Art von Kamin ist, den Sie sich wünschen, aber wenn der Schornstein bereits ohne diese Vorkehrung gebaut wurde, kann es sein, dass eine kleine Schornsteinauskleidung aus Terrakotta vorhanden ist in den größeren Schornstein eingesetzt werden, ohne dessen Zugkraft ernsthaft zu beeinträchtigen. In diesem Fall wäre der Anbau eines Korbrostkamins an ein altes Haus eine interessante Möglichkeit.

So sehr wir die Attraktivität einer Art Kamin auch einschätzen mögen, so weit verbreitet scheint doch der Eindruck zu sein, dass die Verwirklichung größtenteils eine Frage des Zufalls ist. Zu viele Hausbauer haben ihre

Architekten angewiesen, ein oder zwei Kamine bereitzustellen, in der festen Hoffnung, dass die Angelegenheit dann praktisch erledigt sei – nur eine Frage der Zeit, bis sie vor dem fröhlichen Schein des Feuers sitzen könnten. Zu oft war das Ergebnis eine Enttäuschung, wenn die ersten paar Versuche mehr Rauch als Hitze oder Fröhlichkeit in den Raum brachten. Der Grund dafür ist, dass es eine wissenschaftliche Grundlage für den Kaminbau gibt, die von einem allzu selbstbewussten und dummen Maurer häufig völlig ignoriert wird. Wenn die Arbeit zum Bau des Hauses einem Architekten anvertraut wurde, erkennt dieser in der Regel die Tatsache an, dass der Bau der Kamine mehr als jeder andere Teil des Hauses in die Hände des Maurers übernommen werden muss, wenn er dies nicht tut beobachtet, katastrophale Ergebnisse. Zweifellos würde es jedem Maurer am heftigsten übel nehmen, wenn ihm unterstellt würde, dass ihm die Kenntnisse im Kaminbau fehlen. Jeder Maurer denkt nicht nur, dass er weiß, wie ein Kamin gebaut werden sollte, sondern es ist fast ebenso üblich, dass er das Gefühl hat, dass seine spezielle Methode die einzig richtige ist.

Eine der besten Formen des Korbrostes aus Messing. Die gespreizten Seiten geben mehr Wärme ab

Eine moderne englische Feuerstelle. Verkleidung und Kamin sind in einem überraschenden Fliesenkontrast gestaltet

In Anbetracht dessen wäre es für jeden, der sein eigenes Haus baut, gut daran, sich mit der Frage seiner Kamine zu befassen, darauf zu bestehen, zu wissen, wie sie konstruiert sind, und deren Konstruktion durchgehend zu verfolgen, damit es keine Chance für einen Fehler gibt; und diese Chance ist nicht so gering, wie man annehmen könnte. In einem Haus, in dem der Autor jedes Detail der Konstruktion in den Zeichnungen sorgfältig dargestellt hatte, stellte sich heraus, dass die gusseisernen Kehlschächte, die normalerweise jeden möglichen Konstruktionsfehler seitens des Maurers verhindern, bei der Fertigstellung des Gebäudes beschädigt worden waren verkehrt herum eingesetzt und es war jeweils erforderlich, die gesamte Vorderseite des Kaminumbaus abzureißen, um sie ordnungsgemäß zu ersetzen.

Die Frage der Konstruktion ist keineswegs eine komplizierte Angelegenheit, wie das nächste Kapitel zeigen soll.

KONSTRUKTION

DIE HAUPTSCHWIERIGKEIT bei der erfolgreichen Gestaltung eines Kamins liegt nicht darin, für ausreichend Luftzug zu sorgen. Tatsächlich ist es einfach, einen Kamin zu bauen, wenn der Schornstein groß genug ist und die Öffnung von der Feuerkammer in den Schornstein frei ist . Von einem prasselnden Feuer wird beim Anzünden des Feuers nie die Rede sein.

Dies ist in gewisser Weise die Art von Feuerstelle, die unsere kolonialen Vorfahren gebaut haben – große höhlenartige Öffnungen und großzügige Schornsteine, mit dem Ergebnis, dass sie sich umso mehr Blasen an den Zehen bekamen und ihnen gleichzeitig den Rücken kühlten, je mehr Holz auf das Feuer geschichtet wurde . Denn es ist offensichtlich, dass, wenn wir einen so starken, ungehinderten Strom heißer Luft durch den Schornstein gewährleisten, durch jede Öffnung und jeden Spalt genügend kühle Luft in den Raum gesaugt werden muss, um seinen Platz einzunehmen. Das Ergebnis ist ein mächtiger Luftzug, der an denen vorbeiströmt, die das Pech haben, am Feuer zu sitzen, und fast die gesamte Verbrennungswärme schnell durch den Schornstein hinaufträgt.

Im Kamin unserer kolonialen Vorfahren vermutlich neunzig Prozent. Ein Teil der Wärme ging vollständig verloren und wurde durch den Schornstein transportiert. Für den Zuschnitt stand dann aber Kordelholz zur Verfügung.

Heutzutage wünschen wir uns eine andere Art von Feuer – eines, das mit einer gleichmäßigen, konstanten Flamme oder Glut brennt und den größten Teil seiner Wärme speichert, die von der Rückseite und den Seiten der Feuerkammer in den Raum reflektiert wird.

Ein solcher Kamin muss nicht unbedingt groß sein. Es ist amüsant zu hören, wie allgemein die Nachfrage nach großen Kaminen steigt – „ großen Kerlen, die volles Brennholz verbrennen können". Es ist schwer zu verstehen, warum das so ist. Es kann auf der Annahme beruhen, dass ein kleiner Kamin wünschenswerter ist, ein großer jedoch umso mehr. Dies ist ein Trugschluss, den Architekten und Kaminbauer nur schwer widerlegen können. Gegen einen großen Kamin in einem Sommercamp oder einer informellen Hütte dieser Art gibt es überhaupt nichts einzuwenden. Tatsächlich wäre ein kleiner Raum an einem solchen Ort lächerlich, aber wenn wir in unser ganzjähriges Wohnzimmer, Esszimmer oder Arbeitszimmer kommen, wo die Wände des Raumes dicht sind und die gesamte Atmosphäre ruhiger und zurückhaltender ist, a Ein großer Kamin wäre eindeutig ein störendes Element. Solch ein Raum wie dieser würde, wenn er nicht sehr schlecht gebaut wäre, nicht die Aufnahme ausreichender

Luft für den Zug eines großen Kamins ermöglichen, wohingegen in unserer Blockhütte oder unserem Blockbungalow die Bedingungen ganz anders sind.

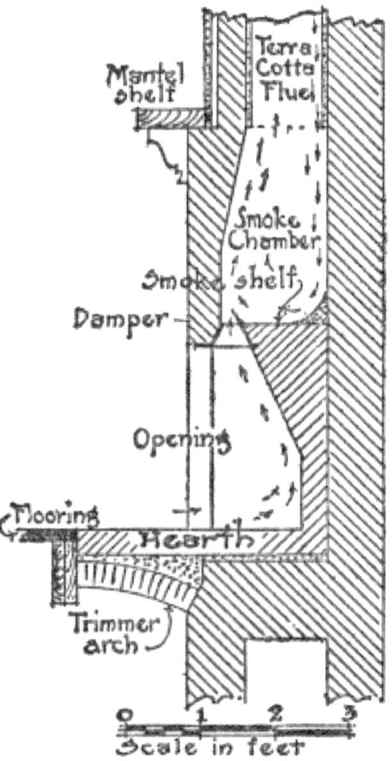

Ein Schnitt durch den Kamin und Schornstein. Die breite Kreuzschraffur stellt Mauerwerk dar

Für einen gewöhnlichen Raum beträgt die durchschnittliche Größe der Kaminöffnung daher 90 cm Breite und 60 cm Höhe, wobei die Tiefe halb so groß ist. Mit einem solchen Kamin ist es möglich, bei minimalem Zug ein Maximum an Wärme zu erhalten.

Es gibt zwei wichtige Grundsätze, die bei der Gestaltung eines Kamins beachtet werden sollten. Eine davon ist das Verhältnis zwischen der Größe der Öffnung in den Raum und der Größe des Schornsteins selbst. Der Querschnitt des Schornsteins – der übrigens über die gesamte Länge gleich bleiben sollte – sollte ein Zehntel der Fläche der Raumöffnung betragen. Der zweite wichtige Aspekt ist die Einführung eines sogenannten „Rauchregals" und einer „Rauchkammer". Der Grund für den Bau eines Kamins mit diesen beiden Merkmalen wird anhand des Diagramms leichter ersichtlich. Dies soll zeigen, dass beim Entzünden eines Feuers am Herd der warme Luftstrom, der sofort entsteht, durch den Hals (die Öffnung zwischen der Feuerkammer und der Rauchkammer) aufzusteigen beginnt und sofort einen Abwärtszug erzeugt von kalter Luft. Wenn die Rückseite des Kamins auf derselben Ebene wie die Rückseite des Schornsteins wäre, würde dieser nach unten gerichtete Kaltluftstrom direkt auf das Feuer selbst treffen und Rauch in den Raum treiben. Das Rauchregal wird genau dort eingebaut, wo es diese Aktion verhindern soll. Das Schnittdiagramm macht die Form dieser Rauchkammer vielleicht nicht ganz klar, aber die beigefügte perspektivische Umrissskizze zeigt, dass sich der Hals und die Rauchkammer am Boden über die gesamte Breite der Feuerkammer erstrecken müssen. Diese Breite in der Rauchkammer verringert sich mit zunehmender Höhe sofort, bis sie im eigenen Bereich des Schornsteins in den Schornstein mündet.

Das Schnittbild zeigt einen im Hals eingebauten gusseisernen Dämpfer. Dies ist nicht notwendig, da es nichts zur Effizienz des Feuers selbst beiträgt. Ihr großer Vorteil besteht darin, dass sie den Maurer durch die Bereitstellung einer unveränderlichen Form dazu zwingt, die Kehle richtig zu bauen, und nicht auf eine der falschen Arten, die sein eigenes Urteil vorschreiben könnte. Ein solcher gusseiserner Dämpfer bildet auch eine Stütze für den flachen Ziegelbogen über der Öffnung, wenn Ziegel verwendet werden. Wenn der Dämpfer nicht eingebaut ist, muss zum Tragen dieses flachen Bogens eine eiserne Stützstange verwendet werden. Wenn die Klappe nicht verwendet wird, geht außerdem der Vorteil verloren, dass man den Kamin ganz einfach vollständig verschließen kann, was im Sommer und häufig im Winter sehr wünschenswert ist, wenn der Kamin als Ventilator zu stark beansprucht wird. Wenn der gusseiserne Hals nicht verwendet wird, empfiehlt es sich daher, eine Eisenplatte so auf die Rauchablage zu legen, dass sie über die Öffnung nach vorne gezogen werden kann, um sie zu schließen.

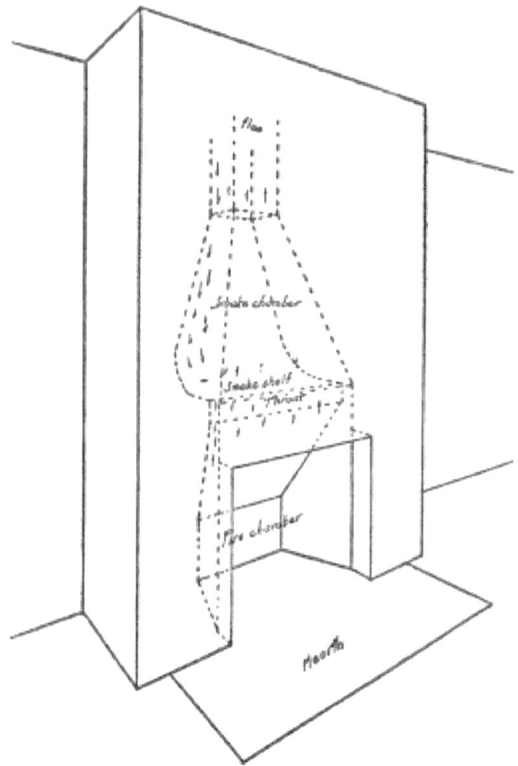

Perspektivische Ansicht des Kamins, die die Form der verschiedenen Teile
zeigt, wie sie ohne gusseiserne Drosselklappe gebaut wurden

Es gibt andere Arten von Dämpfern, von denen die meisten patentiert
sind und alle darauf abzielen, auf irgendeine Weise eine einstellbare Öffnung
im Hals zu schaffen. Ein oder zwei davon verfügen über einen Knopf oder
Griff, der durch das Mauerwerk des Bogens ragt und die bequeme
Einstellung des Dämpfers von außen ermöglicht. Generell gilt jedoch, dass
es sinnvoll ist, ein möglichst einfaches Gerät zu wählen, das das gewünschte
Ergebnis sicherstellt.

Die im Schnittbild gezeigte Terrakotta-Kaminauskleidung ist natürlich
nicht unbedingt erforderlich, da es sich um eine eher moderne Einführung
handelt und unzählige Kamine ohne sie ihren Zweck erfüllt haben. Es
besteht jedoch kein Zweifel an seinem Wert, denn es ergibt einen
Schornstein mit glatten, regelmäßigen Seiten, der nicht annähernd so schnell
verstopft wie ein gewöhnlicher gemauerter Schornstein. Darüber hinaus hat
es den Vorteil, dass eine dünnere Wandung des Schornsteins möglich ist. Es
ist gefährlich, einen Schornstein mit einem einzigen 10 cm dicken Ziegelstein

zwischen dem Schornstein und allem, was an den Schornstein angrenzt, zu bauen. Natürlich darf auf keinen Fall Holz bis auf ein bis zwei Zentimeter an das Mauerwerk herankommen , aber bei einer einzigen Ziegeldicke ohne Auskleidung besteht immer die Gefahr, dass der Mörtel aus einer Fuge bröckelt und eine Öffnung hinterlässt Funken oder Flammen können leicht erheblichen Schaden anrichten. Das Einbringen einer Schornsteinauskleidung in den auf diese Weise gebauten Schornstein ist jedoch völlig sicher, sofern die Fugen zwischen den Abschnitten der Schornsteinauskleidung sorgfältig ausgefüllt und mit Zementmörtel geglättet werden.

Wie Sie bemerken, zeigt das Schnittdiagramm einen Unterschied zwischen der 20 cm dicken Hauptrückwand des Schornsteins und dem Mauerwerk, das im Inneren der Feuerkammer verlegt wurde, um den Herd und die Rückseite zu bilden. Der Grund für diese Trennung liegt darin, dass das Rohmauerwerk des Schornsteins immer zuerst so einfach wie möglich verlegt wird und die Feuerkammer mit ihrer schrägen Rückseite und den Seiten sowie der Kamin später mit einem Ziegel besserer Qualität oder vielleicht einer anderen Art ausgefüllt werden . Häufig werden Fliesen auch mit der Ziegeloberfläche als Kamin oder Verkleidung kombiniert.

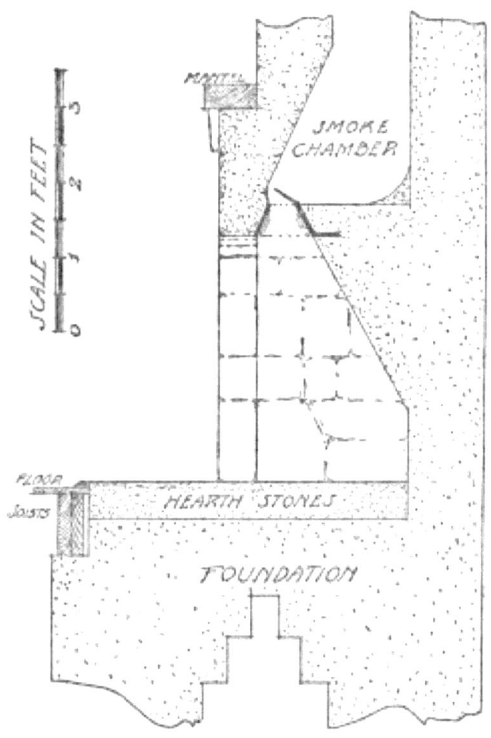

Ein Querschnitt, der den Bau eines großen Steinkamins mit leicht gewölbter Öffnung zeigt

Eine Stütze für die Feuerstelle wird normalerweise wie angegeben erreicht – indem ein sogenannter „Row-Lock"- oder „Trimmer"-Bogen zwischen dem Grundmauerwerk des Schornsteins und einem Paar Bodenbalken angebracht wird, die je nach Bedarf im richtigen Abstand angeordnet sind gewünschte Breite des Herdes. Während dies die übliche Methode ist, wird eine Stütze gelegentlich auch auf andere Weise befestigt, beispielsweise durch Auskragung aus dem Mauerwerksfundament oder durch Erweitern zweier kurzer Vorsprünge dieses Mauerwerks von unten nach oben an beiden Enden des Herdes und das Überwerfen eines Bogens darüber zwischen diesen. Auf einem Zementbett werden die Herdsteine selbst verlegt, normalerweise bündig mit dem Boden, gelegentlich jedoch auch so weit höher, dass ein abgeschrägter Formstreifen die Fuge zwischen Ziegel und Boden besser abdecken kann. In manchen Fällen wird die Feuerstelle selbst um die gesamte Dicke eines Ziegelsteins über den Boden gehoben, wie auf einer der gezeigten fotografischen Abbildungen zu sehen ist.

Die Breite der Feuerstelle beträgt bei durchschnittlich großen Kaminen normalerweise etwa 16 bis 18 Zoll über der Öffnungsfläche, bei größeren Kaminen sogar 20 Zoll oder sogar mehr. Diese Breite sollte natürlich vergrößert werden, wenn die Öffnung deutlich größer gemacht wird. Die Frage der Materialien für den Herd und die Verkleidung wird im nächsten Kapitel besprochen.

Der Schornstein selbst sollte mindestens einen oder zwei Fuß über einen nahegelegenen Dachfirst hinausragen und ohne Haube, Wirbel oder andere Vorrichtungen dieser Art auf der Oberseite funktionieren. Es gibt keine großen Einwände gegen eine horizontale Öffnung oben am Schornstein, obwohl in diesem Fall bei einem nahezu geraden Verlauf des Schornsteins bei einem heftigen Sturm etwas Regen seinen Weg nach unten zur Feuerstelle findet. In den meisten Fällen reicht die Krümmung des Schornsteins aus, um dies zu verhindern. Ist dies nicht der Fall , lässt sich dies vermeiden, indem man die Oberseite des Schornsteins mit einem Stein abdeckt und die Öffnungen an allen vier Seiten direkt darunter vertikal anordnet.

Das gesamte Mauerwerk im gesamten Schornstein und Kamin sollte mit erstklassigem Zementmörtel verlegt werden, der aus einem Teil Portlandzement und drei Teilen sauberem, scharfem Sand besteht. Obwohl bis in die letzten Jahre bei allen Mauerwerken Kalkmörtel verwendet wurde, ist dieser, insbesondere in der Nähe von Hitze, nicht haltbar.

VERSCHIEDENE UNGEWÖHNLICHE FORMEN

ES GIBT viele ungewöhnliche Formen von Kaminen, mit denen wir uns nicht besonders beschäftigen. Beispielsweise sieht man gelegentlich eine Öffnung in Form eines umgedrehten Herzens oder eines Pik-Asses. Es ist möglich, einen Kamin dieser Art zufriedenstellend funktionieren zu lassen, es ist jedoch keineswegs sicher, dass dieses Ergebnis beim ersten Versuch erzielt werden kann und dass der Kamin unter allen Bedingungen weiterhin ordnungsgemäß funktioniert. Es ist sicherer, sich immer an die etablierte Art der rechteckigen Öffnung zu halten oder davon nur in dem Maße abzuweichen, dass die Oberseite einen Bogen mit großem Radius hat. Wenn die Oberseite mehr als geringfügig von der Horizontalen abweichen darf, besteht die Gefahr, dass der Rauch oben in den Raum entweicht.

Die Kaminecke versagt selten als Verteiler häuslicher Fröhlichkeit. Häufig werden die Sitze zu nah am Feuer platziert

Es gibt noch einen weiteren Typ, der besondere Erwähnung verdient, nämlich den Doppelkamin, bei dem zwei Öffnungen in benachbarten Räumen durch einen einzigen Kamin dazwischen versorgt werden. Der einzige Einfluss auf die beiden oben genannten Grundprinzipien besteht darin, dass die Querschnittsfläche des Schornsteins ein Zehntel der Gesamtfläche der Öffnungen betragen sollte. Der Hals befindet sich in diesem Fall in der Mitte des Schornsteins und die Rauchablage befindet sich auf beiden Seiten davon. Bei einem Kamin dieser Art ist es wichtig, dass kein störender Luftzug durch die Öffnung von einem Raum in den anderen gelangt.

Ein noch seltenerer Typ ist das offene Feuer in der Mitte eines Raumes, wie es gelegentlich im Aufenthaltsraum eines großen Clubs gewünscht wird. Eine solche offensichtliche Anomalie könnte durch Aufhängen eines Metallabzugs und einer Haube am Dach behoben werden, so dass die Unterkante der Pyramidenstumpfform an der Unterseite die Oberseite der „Öffnung" des Kamins in einer geeigneten Höhe über der Feuerstelle bilden würde Ziegel, Stein, Fliesen oder Beton. Es ist denkbar, dass auf diese Weise ein effektiver und durchaus praktischer Kamin geschaffen werden könnte, bei dem der Schornstein und die Haube aus Schmiedeeisen oder Kupfer bestehen und durch Ketten oder Stangen an der Decke und den umgebenden Wänden aufgehängt und stabilisiert werden. In einer solchen Form müsste das gleiche Prinzip eines festen Verhältnisses zwischen der Öffnung (hier der gesamte Umfang der Haube multipliziert mit dem Abstand über der Feuerstelle) und dem Querschnitt des Rauchabzugs eingehalten werden, und auch hier wäre es sinnvoll, dies vorzusehen möglichst vollständig gegen störende Zugluft zu schützen.

VERKLEIDUNGEN UND MANTELS

Für die Veredelung von Feuerstelle und Kamin steht keine besonders große Auswahl an Materialien zur VERFÜGUNG . Stein, Ziegel, Zement und Fliesen schöpfen die Möglichkeiten aus, obwohl wir mit Kombinationen davon alle Vielfalt haben, die wir uns wünschen können.

Stein eignet sich nur für bestimmte Umgebungen – hauptsächlich für informelle Hütten oder Blockhütten, obwohl es in dieser Angelegenheit natürlich unmöglich ist, eine feste Regel aufzustellen.

Ziegel ist fast nie fehl am Platz. Vielleicht ist es die Assoziation mit den Kaminen, die unsere Väter und Großväter gebaut haben, oder vielleicht ist es der inhärente Wert und die Eignung des Materials selbst, die es zur ersten Wahl machen. Zweifellos hat die praktische Überlegung, dass es einfacher und wirtschaftlicher zu bauen ist, etwas damit zu tun.

Beton ist ein Neuling auf dem Gebiet der Kaminverkleidung und es kann bisher noch nicht gesagt werden, dass es einen besonderen Grund gibt, warum er die anderen Materialien verdrängen sollte. Bei der gewöhnlichen Hitze, die in einem offenen Holzfeuer entsteht, besteht keine Gefahr, dass die Betonverkleidung reißt, wenn das Material richtig gemischt und aufgetragen wurde, obwohl der vage Eindruck zu bestehen scheint, dass dies eine echte Gefahr darstellen könnte. Die Farbe von Beton gibt keine besondere Empfehlung, da sie durch Feuer unverändert bleibt, durch Rauch jedoch nicht unbefleckt bleibt. Ziegel und Fliesen hingegen sind eng mit der Entstehung von Feuer verbunden, was ihnen eine besondere Eignung für diesen Zweck verleiht.

Caen-Stein oder seine raffinierte Darstellung in Zement eignet sich gut für
die formellere Art von Kaminsims und Verkleidung

Fliesen, das letzte der vier Materialien, bieten mehr Gestaltungsspielraum
als alle anderen, manchmal empfinden wir es als zu viel Spielraum. Bei
verständnisvoller Verwendung könnte nichts passender und attraktiver sein,
aber die Fliesen wurden so nachlässig verwendet, dass wir irgendwie das
Gefühl haben, dass der Kachelkamin eher zur Schau als zum Gebrauch dient.
Auf jeden Fall besteht kein Zweifel an der Untauglichkeit der glasierten
Fliesen, die Tausende von Pseudo-Kaminöffnungen zum Schrecken
gemacht haben. Nur die matt glasierten oder unglasierten Fliesen haben das
Recht, an einem solchen Ort verwendet zu werden.

Da es in diesem kleinen Band um den Kamin und nicht um den
Kaminsims geht, muss über die letztere äußere Form kaum etwas gesagt
werden, obwohl kein Zweifel besteht, dass man zu diesem Thema
gewinnbringend ein ganzes Buch schreiben könnte. Um das Thema so locker
anzusprechen, wie es der Platz zulässt, können wir wahrscheinlich nichts
Besseres tun, als die offensichtliche Art von Kaminsims für einen oder zwei
der gebräuchlicheren Architekturstile vorzuschlagen und zu empfehlen, dass
dem Architekten bei anderen Stilen ausreichend Spielraum eingeräumt wird
Design und Kosten, um dieses wichtige Merkmal von Flur, Wohnzimmer,

Esszimmer oder Bibliothek mit den Merkmalen des Stils zu unterscheiden, den er für das Haus selbst ausgearbeitet hat.

Das moderne Zuhause im Kolonialstil ist vielleicht das häufigste und nebenbei auch das einfachste Problem, denn die alten Modelle der fein detaillierten, weiß gestrichenen Holzkamine sind so bekannt und so allgemein bewundert, dass moderne Reproduktionen im guten Stil und zu angemessenen Kosten leicht zu bekommen sind.

Für das englische Putz- oder Fachwerkhaus wird der Architekt zweifellos einen besonderen Kaminsims entwerfen, der maßstabsgetreu und mit der dunklen Täfelung und anderen architektonischen Holzarbeiten harmoniert, wahrscheinlich mit einem getäfelten Kaminsims, wenn die Kosten nicht zu streng gehalten werden .

In einem Haus, das sich von den historischen Architekturstilen löst, wie es bei vielen Stuckgebäuden der Zeit der Fall ist, bietet die Kaminsimsbehandlung besonders interessante Möglichkeiten. Häufig wird der Kaminsims vollständig entfernt und der Kaminumbau als Ganzes unabhängig behandelt.

Bei der sehr informellen Art von Sommerhäusern, bei denen ein rauer Stein für die Verkleidung und den Schornstein verwendet wird, kann der Kaminsims kaum zu schlicht und unauffällig in seiner rauen Stärke gehalten werden. Ein schwerer, auf eine glatte Oberfläche gehobelter Baumstamm, der auf zwei vorspringenden Steinstützen ruht, wird häufig mit gutem Erfolg verwendet. Der Kaminsims kann auf Regalhöhe zurückgesetzt werden, um einen schmalen Steinvorsprung zu bilden, oder der Kaminsims kann ohne Regal belassen werden. Viele einfache Variationen mit dem informellen gemauerten Kaminsims werden jedem einfallen. Im Allgemeinen ist bei diesen Sommerhütten oder Bungalows der Kamin das architektonische Hauptmerkmal des Wohnzimmers und aus diesem Grund verträgt er eine moderate Verschönerung, letztere sollte jedoch in Form einer etwas besseren Verarbeitung der verwendeten Materialien erfolgen im ganzen Raum statt der Einführung aufwändigerer und kostspieligerer Lösungen.

Ein Kamin und Kaminsims aus Feldsteinen, sorgfältig ausgewählt und mit überdurchschnittlicher Geschicklichkeit verlegt

Ausbesserung schlechter Kamine

ES genügt zu sagen, wie ein Kamin gebaut werden muss, damit er zufriedenstellend funktioniert, aber das hilft dem Mann nicht weiter, der einen Kamin hat, der nicht funktioniert . Oft ist es ohne großen Aufwand und Aufwand möglich, einen unsachgemäß gebauten Kamin zu reparieren. Wenn man ein klares Verständnis der wenigen Grundprinzipien des Kaminbaus hat, ist es normalerweise leicht, den Grund zu ermitteln, warum ein Kamin raucht oder nicht brennt.

Die häufigste Schwierigkeit dürfte der Querschnittsbereich des Schornsteins darstellen. Aufgrund der schmalen Öffnung und der Rauchkammer, die sich in irgendeiner Form über dem Regal befinden kann, ist dies normalerweise vom Inneren des Kamins aus nicht zu sehen. Wenn daher die offensichtlichen Grundvoraussetzungen – wie die Form der Öffnung, der schmale Hals über die gesamte Breite und vorzugsweise die schräge Rückseite – beachtet wurden, wäre es sinnvoll, die Fläche des Schornsteins selbst zu bestimmen. Dazu muss man die Spitze des Schornsteins erreichen und durch Absenken eines Gewichts an einer Leine herausfinden, welcher Schornstein zum betreffenden Kamin führt. Seine Fläche an der Spitze wird aller Wahrscheinlichkeit nach seine gesamte Fläche sein. Wenn der Schornstein zufällig der einzige in diesem bestimmten Schornstein ist, kann dies manchmal einfacher bestimmt werden, indem man die Ziegel in seinen beiden horizontalen Richtungen zählt und auf diese Weise abschätzt, was wahrscheinlich der innere Schornstein wäre. Diese Schlussfolgerung ist jedoch keineswegs sicher, da der Schornstein möglicherweise mit 20 cm dicken Wänden gebaut ist oder es sich einfach um eine 10 cm dicke Wand mit Rauchabzugsauskleidung handelt. Wer sich mit dem Maurerhandwerk auskennt, erkennt jedoch in der Regel an der Art und Weise, wie der Schornstein verlegt ist, die Größe des Schornsteins.

Nachdem die Größe der Kaminöffnung und die Querschnittsfläche des Schornsteins selbst bestimmt wurden, wird man in vielen Fällen feststellen, dass letzterer zu klein für ersteren ist. Der einfachste Weg, dieses Problem auf natürliche Weise zu beheben, besteht darin, die Öffnung an der Vorderseite des Kamins zu verkleinern. Um die Diagnose zu überprüfen, empfiehlt es sich jedoch, ein Paar dünne Bretter ziemlich fest in die obere Öffnung zu stecken, von denen eines über das andere hinweg nach unten gezogen werden kann, so dass die Kaminöffnung geöffnet werden kann Die Höhe kann mithilfe von zwei 6-Zoll-Brettern zwischen 15 und 12 Zoll verringert werden. Wenn Sie den Kamin auf diese Weise im Einsatz testen, lässt sich leicht feststellen, um wie viel die Öffnung verkleinert werden muss. Nach dem Entfernen der Bretter kann ein schmiedeeiserner Vorhang oder eine dekorative, vorspringende Haube aus Schmiedeeisen oder Kupfer dauerhaft an der Vorderseite angebracht werden.

Es ist jedoch möglich, dass die Öffnung des Kamins und der Rauchabzugsbereich richtig miteinander verbunden sind. In diesem Fall könnte festgestellt werden, dass das Problem auf das Fehlen einer schmalen Öffnung und eines Rauchabzugs zurückzuführen ist. Auch dies könnte in den Kamin eingebaut werden, ohne irgendetwas von außen zu stören, wie zum Beispiel den Kaminsims oder den Kaminsims, es sei denn, der Kamin ist nicht groß genug, um den Zusatz von 10 cm Ziegeln an der Rückseite zu ermöglichen. Ist dies nicht der Fall, sollten Sie die Dicke der Wand an der Rückseite des Kamins sorgfältig prüfen. Wenn diese ausreichend ist, können Sie einen Teil davon an der Stelle, an der die Neigung der Rückseite auf die aufrechte Wand trifft, entfernen — etwa 30 cm über der Herdoberfläche — und die von dort nach oben eingebaute schräge Rückseite, die den Hals bildet. Um das Ergebnis vollkommen sicherzustellen, könnte man auch den Kaminsims selbst entfernen — dieser wird normalerweise nur an den Putz genagelt — und einen ausreichenden Teil des Kaminumbaus abnehmen, um den Einbau einer gusseisernen Drosselklappe zu ermöglichen.

KAMINZUBEHÖR

SO WIE der Erfolg eines Truthahnessens weitgehend von den „ Reparaturen " abhängt, so ist auch der Kamin an sich unvollständig ohne seine Feuerböcke und Werkzeuge. Um mit den nahezu unentbehrlichen Zubehörteilen zu beginnen, müssen wir die Feuerböcke nennen – oder, wenn der Brennstoff Kohle sein soll, den Korbrost. Ich habe mich manchmal gefragt, warum die Philosophen den Andiron nicht als besonders geeigneten Gegenstand für vergnügliches Grübeln entdeckt haben. Es gibt so wenige Dinge, die rein utilitaristische Eigenschaften mit überaus dekorativen Eigenschaften in einem solchen Ausmaß vereinen. Die meisten Dinge, die beides wirklich vereinen, wurden auf der einen Seite auf Kosten der anderen Qualität entwickelt. Nehmen wir zum Beispiel den Herrenmantel, dessen ausgeschnittene Vorderseite mit den beiden Knöpfen hinten so gestaltet ist, dass der Herr die Röcke bis zur Taille hochschlingen kann, wenn er auf sein Pferd steigt. Oder nehmen Sie den modernen Beleuchtungskörper mit seiner kleinen Pfanne, die immer noch darauf wartet, den Talgtropfen unter der Flamme aufzufangen, der längst durch eine Gasspitze oder einen Glühfaden ersetzt wurde. Wie wenige Dinge gibt es schließlich, die vor langer Zeit – wahrscheinlich im Zuge einer langen Evolution – dazu entworfen wurden, ein echtes Bedürfnis bestmöglich zu befriedigen, und die dieses Bedürfnis immer noch erfüllen und wahre Schönheit mit ihrem Nutzen verbinden. Der schmiedeeiserne Huf eines Pferdes kommt uns in den Sinn, vielleicht ein Schiffsanker, ein Sehnenbogen oder ein Axtstiel.

Um den Brennstoff anzuheben, ist eine gewisse Unterstützung erforderlich, damit die Luft einen freien Durchgang darunter und hindurch zu den Flammen finden kann, und nichts könnte diesen Zweck besser erfüllen als das Paar horizontaler Schmiedestäbe, jeder mit seinem einzelnen hinteren Fuß und seine stabilisierende Front, deren obere Fortsetzung dazu dient, die brennenden Holzscheite an Ort und Stelle zu halten.

Es ist unwahrscheinlich, dass man bei der Wahl der Feuerböcke für einen bestimmten Kamintyp etwas falsch macht. Die einfach gedrechselten Messingmuster gehören ganz offensichtlich zur kolonialen Backsteinöffnung mit den sie umgebenden weißen Holzarbeiten; Die gröberen schmiedeeisernen Typen eignen sich offensichtlich so gut für den handwerklichen Kamin oder die grobe Öffnung des Mauerwerks, dass ein Auswechseln kaum möglich ist.

Glücklicherweise haben sich die alten Messingbögen aus der Kolonialzeit als überlebensfähig erwiesen, und viele von ihnen sind immer noch auf alten, mit Spinnweben übersäten Dachböden oder im besser zugänglichen

Geschäft des Antiquitätenhändlers zu finden. Einer von ihnen vertraute mir seine Art an, die wirklich alten Feuerböcke von künstlich gealterten Reproduktionen zu unterscheiden: Bei den alten wird der gedrehte Messing-Vorderpfosten von einer schmiedeeisernen Stange an Ort und Stelle gehalten, die mit einem Schraubgewinde am horizontalen Element befestigt ist die Bar selbst; Bei den modernen Exemplaren ist in diese aufrechte Stange ein Gewindeloch gebohrt, in das eine gewöhnliche kurze Schraube durch ein Loch im horizontalen Element eingreift.

Der gute alte, zuverlässige Kolonialstil mit seiner einfachen Ziegelfassade, eingerahmt von einem fein detaillierten weißen Holzsims

An zweiter Stelle nach den Feuerbögen stehen die Werkzeuge – die drei wichtigsten davon sind Schürhaken, Zange und Schaufel. Es ist unnötig zu sagen, dass diese mit den Feuerböcken harmonieren und vorzugsweise aus Messing sein sollten, wenn sie aus Messing sind; Schmiedeeisen, wenn die Feuerböcke aus Schmiedeeisen sind. Es gibt zwei Möglichkeiten, sie zu pflegen: die gewöhnliche Methode, einen Ständer zu verwenden, der, wenn die Werkzeuge zusammen gekauft werden, wahrscheinlich mitgeliefert wird; Bei einigen Kamintypen, bei denen der gesamte Kaminumbau aus Ziegeln, Beton oder Stein besteht, wird manchmal eine Kombination aus drei oder mehr Haken aus dem gleichen Metall wie die Werkzeuge gefertigt und sicher im Kaminumbau an der Seite der Öffnung befestigt .

Eine Bürste für den Herd ist zwar nicht so häufig anzutreffen, aber äußerst nützlich, um die Asche und kleine Glut zu entfernen. Dann ist da noch der altehrwürdige Blasebalg, der heute kaum noch mehr als ein Schmuckstück ist, denn bei einem wissenschaftlich gebauten Kamin sollte er nie in Betrieb genommen werden müssen.

Ein Schirm in irgendeiner Form gehört eher zu den Notwendigkeiten als zu den rein dekorativen Accessoires, denn es ist kaum sicher, ein Feuer oder sogar die schwelende Glut ohne Schutz vor den Schäden zu lassen, die so schnell durch Funken verursacht werden. Der übliche Siebtyp ist der gewebte Drahtschirm in verschiedenen Formen. Der wahrscheinlich bequemste Typ besteht aus einer Reihe flacher Abschnitte, die sich zu einer kompakten Masse zusammenfalten lassen, die bei Nichtgebrauch nicht im Weg ist. In den letzten Jahren erfreut sich jedoch eine andere Art von Bildschirm großer Beliebtheit: Bildschirme aus Glas in Kombination mit anderen Materialien. Es gibt den einfachen französischen Schirm aus Glasscheiben in einem vergoldeten Rahmen, und es gibt wunderbare Möglichkeiten, das handwerkliche Können einzusetzen, indem er mit schlichtem oder leicht getöntem Glas dekorativere Elemente in Form von Buntglas und Blei oder in der Kombination davon kombiniert Glas und Metalle.

Die Gestaltung eines Kaminschutzes hängt natürlich vom Zweck ab, dem er dienen soll. Wenn eine Abschirmung angebracht werden soll, die zwar die Hitze, aber nicht das Feuerlicht abschirmt, wird der Handwerker mit größeren Flächen aus klarem Glas arbeiten. Andererseits könnte es wünschenswert sein, einen nahezu undurchsichtigen Schirm zu schaffen, um sowohl Licht als auch Wärme abzuschirmen. Dabei handelt es sich natürlich normalerweise um kleine Rechtecke auf einer Art Sockel, die nicht als Ersatz für Funkenschirme gedacht sind.

Ein Holzbehälter in irgendeiner Form ist ein praktisches Zubehör, da man so die Aufgabe erspart, Brennstoff aus dem Keller oder vom Holzstapel nach oben zu schleppen, wann immer man ein Feuer anzünden möchte. Die Auswahl ist groß – messingbeschlagene Kisten in vielen Größen und Formen, stabile Körbe und Holzkörbe aus Metall, in denen die Holzscheite aufbewahrt werden. Es gibt diejenigen, die es vorziehen, die Umgebung des Kamins nicht mit diesen eher sperrigen Behältern zu belasten, es aber praktisch finden, in der Nähe einen Kasten in Form einer Fensterbank oder vielleicht als Teil eines eingebauten Bücherregals einzubauen . In zwei oder drei Häusern, die ich kannte, gab es einen sehr einfachen, groben Kellner, der vom Keller bis zu einem Fensterplatz lief. Dieser konnte mit Treibstoff beladen, in Position gehoben und dort verriegelt werden, bis der Treibstoff benötigt wurde.

Es gibt zwei weitere Kaminzubehörteile, die wir nicht übersehen dürfen: den Kran und den Untersetzer. Der Kran ist ein sehr malerisches Element in einem Kamin, der groß genug ist, um ihn bequem zu halten, aber es scheint bedauerlich, dass in sehr vielen Kaminen der Kran mit der Idee hineingezogen wird, ihn zu einem dekorativen Element zu machen, aber ohne die Erwartung, ihn aufzustellen es in die Praxis umzusetzen. Es gibt Feuerstellen – zum Beispiel in einem Sommercamp –, an denen ein Kran sinnvoll eingesetzt werden könnte. An anderer Stelle ist es allzu oft nur eine Affektiertheit.

Der Untersetzer ist bei weitem nicht so bekannt wie der Kran, wird aber in einem modernen Kamin viel häufiger zum Einsatz kommen. In England findet man ihn in verschiedenen raffinierten Formen, von denen die meisten jedoch eine Form eines niedrigen Hockers aufweisen, der auf den Herd gestellt wird, so nah wie möglich am Feuer, um einen Teekessel oder vielleicht sogar einen Teller warm zu halten Toast. In vielen größeren Antiquitätenläden gibt es einige ziemlich interessante antike Messinguntersetzer.

Das Feuer aufbauen

ICH HABE keinen Zweifel daran, dass die Mehrheit der Leser, die sich bisher geduldig durch dieses kleine Buch gekämpft haben, beim Anblick der obenstehenden Kapitelüberschrift das Gefühl haben werden, es mit einem Seufzer der Ungeduld zu schließen. „Wer weiß nicht, wie man ein Holzfeuer macht? Wir könnten uns genauso gut darüber unterrichten lassen, wie man am besten ein Streichholz anzündet!" Aber wenn Sie einen Moment Geduld haben, würde ich mit Nachdruck sagen, dass tatsächlich nur sehr wenige Menschen wirklich wissen, wie man ein Feuer macht. Es ist ganz einfach, einen Haufen Zeitungen, Zweige, Anzündholz und Holzscheite so zusammenzustellen, dass man ein Feuer *entfachen kann* , aber vielleicht ist Ihnen aufgefallen, dass viele Feuer zwar angezündet werden, aber nur wenige ausbrennen . Wenn Sie den größtmöglichen Komfort und die größtmögliche Freude an Ihrem Holzfeuer wünschen, können Sie dies nur erreichen, indem Sie sich zu Füßen dieses größten aller Lehrer und der größten Erfahrung setzen, oder vielleicht noch schneller, indem Sie ein wenig mit ein oder zwei der einfachen Dinge experimentieren Die Hilfsmittel, die ich aufzuzeigen versuche, basieren auf der Funktionsweise des Holzfeuers. Während es Menschen gibt, die um nichts auf das Vergnügen verzichten würden, mit der Zange und dem Schürhaken zu basteln, während das Feuer brennt, wird es diesem Vergnügen vielleicht keinen Abbruch tun, wenn das Basteln nicht tatsächlich das Ergebnis der Notwendigkeit ist, die Holzscheite am Brennen zu halten. Das Ausbessern eines Feuers ist nur dann eine reizvolle Freizeitbeschäftigung, wenn es uns nicht aufgezwungen wird, indem es eine Alternative dazu darstellt, dass die glühende Glut entmutigt wird und den Kampf aufgibt.

Die Herstellung der Kupferhaube für ein Beispiel dieser Art bietet eine hervorragende Gelegenheit für Heimkunstwerk auf höchstem Niveau

Erstens muss der Kraftstoff wirklich trocken sein. Es ist nicht unbedingt erforderlich, dass der Holzstapel drinnen aufbewahrt wird, aber er sollte zumindest darüber und an drei Seiten geschützt sein. Die Holzschuppen der Bauernhäuser in Neuengland bieten eine praktische und effiziente Lösung des Problems. Normalerweise findet man diese als Anbau an das Haus, einen nur nach Süden offenen Schuppen, in dem das Kordelholz ordentlich bis zum Dach aufgestapelt ist und die Enden nach vorne abgesägt sind. Zwei lange Holzscheite werden im rechten Winkel zum Brennholz auf den Boden oder Boden gelegt, um eine Luftzirkulation zum Trocknen zu fördern.

Zusätzlich zu den schwereren Holzscheiten, die so geschnitten werden, dass sie in die Kaminöffnung passen, sollte eine nahezu gleiche Menge an Zweigen, Buschwerk und kleineren Stücken oder auch gespaltenem Anzündholz vorhanden sein, die als Startbrennstoff dienen.

Um ein Feuer auf dem Herd anzuzünden, wählen Sie zunächst einen schweren Scheit aus, der dicht an der Rückseite der Feuerkammer auf dem Herd und nicht auf den Feuerbögen platziert werden sollte. Dies ist der traditionelle „Rückstand". Es überdauert mehrere Brände und ist hauptsächlich als Schutz für das hintere Mauerwerk gedacht. Stellen Sie die Feuerböcke so auf, dass ihre hinteren Enden nah am Rückstand anliegen. Wenn dieser die beste Größe hat, liegt seine Oberseite deutlich über den horizontalen Stangen der Feuerböcke. Wählen Sie nun einen kleineren Stamm aus – vorzugsweise kein gespaltenes Stück – und legen Sie ihn über die Feuerböcke. Wenn ein großes Feuer gewünscht wird, bewahren Sie diesen Scheit – den „ Vorscheit " – weit vorne auf, direkt hinter den aufrechten Eisenpfosten, und lassen Sie zwischen Hinterscheit und Vorscheit viel Platz für den Hauptteil des Feuers. Der Abstand zwischen diesen beiden Holzscheiten bestimmt die Größe des Feuers. Legen Sie in diesen Raum ein paar zerknitterte Zeitungsblätter, einige der leichteren Zweige und kleinen Äste sowie je nach Bedarf ein, zwei oder drei Holzscheite oder gespaltene Stücke, um den Raum zu füllen. Die Diagramme verdeutlichen diese Anordnung für ein kleines oder großes Feuer.

Abschnitt, der die Anordnung von Feuerböcken und Holz für ein großes
Feuer (links) und ein kleineres Feuer zeigt

Während der zentrale Teil des Feuers abbrennt, halten Sie den Vorscheit
dagegen zurückgedrückt, es sei denn, Sie wünschen sich ein weniger aktives
Feuer. Es ist gut, sich daran zu erinnern, dass dort, wo ein isolierter
Baumstamm nicht brennt, wahrscheinlich zwei nahe beieinander liegende
Holzscheite brennen werden, und eine Pyramide aus drei Holzscheiten noch
besser brennt.

Viele Kamine neigen erst beim ersten Anzünden zur Rauchentwicklung;
Dies ist wahrscheinlich auf einen kalten Schornstein zurückzuführen und
kann normalerweise verhindert oder weniger unangenehm gemacht werden,
indem eine Zeitung direkt unter der Kehle verbrannt wird und so die richtige
Wirkung der Auf- und Abzüge in Gang gesetzt wird.

Wenn es uns möglich ist, zwischen verschiedenen Holzarten als
Brennstoff für unser offenes Feuer zu wählen, eröffnet sich eine der
interessantesten Phasen des gesamten Themas. Für die meisten Menschen ist
ein Holzfeuer wahrscheinlich ein Holzfeuer, unabhängig davon, ob die
Scheite aus Kirschholz, Kiefer, Hickoryholz oder etwas anderem bestehen.
Für den Holzfeuerkenner, wenn wir ihn so nennen dürfen, ist es kein
Problem, mit einem Blick auf das Feuer zu erkennen, welches Holz verbrannt
wird. Das Knistern und die explosive Natur von Hickoryholz, das Zischen
von Kiefernholz, die stetige Flamme von Kirschbaumholz, der heiße und
schnelle Zerfall von Bergahorn und die stetige und gründliche Verbrennung
von weichem Apfelholz werden bald zu vertrauten Eigenschaften für
diejenigen, die die Gelegenheit haben, Holz zu verlegen Feuer in Vielfalt.
Dann gibt es natürlich noch die Faszination und die seltsame Farbgebung
eines Treibholzfeuers – das spektakulärste von allen, aber leider den meisten
von uns verwehrt.

Eine schlichte und überaus wirkungsvolle Einbaukonstruktion aus Ziegel und Rohputz. Die Feuerstelle wird über den Boden erhöht

Schließlich ist der wichtigste Faktor bei der Bewirtschaftung eines Holzfeuers eine ausreichende Ascheschicht als Fundament. Es ist unmöglich, dass jemand, der nicht schon beide Feuerarten ausprobiert hat, den immensen Vorteil erkennen kann, den ein Bett aus Holzasche mit sich bringt. Es verdoppelt zweifellos die Effizienz des Feuers bei der Wärmeabgabe an den Raum, es halbiert die Sorgfalt und Aufmerksamkeit, die erforderlich ist, um das Feuer am Brennen zu halten, und es steigert die Schönheit eines Holzfeuers, wenn es sich dem Ende nähert, durch die Wiederentfachung mit die Glut und hält den ruhigen, matten roten Schein lange am Leben. Hören Sie auf die Aufdringlichkeit der übereifrigen Haushälterin und wappnen Sie sich gegen die Gewissensbisse der Sauberkeit. Wenn nötig, kämpfen Sie für den Erhalt dieses Aschebetts. Man kann es kaum zu groß oder zu tief bekommen. Die Ansammlung von zwei Jahren ist ein unschätzbarer Schatz. Einer meiner eigenen Kamine hat einen Vorrat, der etwa zweimal im Jahr geleert werden muss, um Platz für das Feuer zu schaffen. Anschließend wird ein oder zwei Küsse des feinen weißen Pulvers aufgetragen, um Freude in den Rosengarten zu bringen.

Für jemanden, der ein Holzfeuer liebt und seine Möglichkeiten kennt, ist die Erwähnung eines Aschetropfens für einen Bullen wie ein Warnsignal.

Friede sei mit der Asche des Mannes, der diese einfache Methode erfunden hat, um dem Herd die Hälfte seines Charmes zu rauben. Möge es ihm vergeben werden.

DAS
HAUS & GARTEN *BÜCHER* MACHEN

Es ist die Absicht des Herausgebers, diese Reihe kleiner Bände, zu denen auch „ *Making a Fireplace*" gehört, zu einer vollständigen Bibliothek maßgeblicher und gut illustrierter Handbücher zu machen, die sich mit den Aktivitäten des Heimwerkers und Hobbygärtners befassen. Texte, Bilder und Diagramme in den jeweiligen Büchern zielen darauf ab, die Möglichkeit und die Möglichkeiten, einige der wichtigeren Merkmale eines modernen Land- oder Vorstadthauses zu besitzen, vollkommen zu verdeutlichen. Zu den bereits erschienenen oder für eine baldige Veröffentlichung geplanten Titeln gehören: *Making a Rose Garden; Einen Rasen anlegen; Einen Tennisplatz bauen; Einen Wassergarten anlegen; Wege und Einfahrten anlegen; Einen Geflügelstall bauen; Einen Garten mit Brutbeet und Frühbeet anlegen ; Herstellung von Einbaumöbeln; Einen Steingarten anlegen; Dieses Jahr einen Garten zum Blühen bringen; Einen Staudengarten anlegen; Das Gelände mit Sträuchern attraktiv gestalten; Anlegen eines Blumenzwiebelgartens, Anlegen einer Garage, Anlegen und Einrichten von Außenräumen und Veranden;* weitere werden später bekannt gegeben.